생명력 넘치는 작은 세계 제주도 조수
웅덩이

생명력 넘치는 작은 세계 제주도 **조수 웅덩이**

생명력 넘치는 작은 세계 제주도 조수 웅덩이

지은이 **임 형 묵**

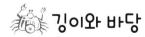

깅이와 바당

개정판을 내며

생명력 넘치는 작은 세계 제주도 조수웅덩이를 펴낸 것이 벌써 9년이 다 되어갑니다. 당시는 책을 만든 것도 처음이고 조간대 생물에 대한 지식도 초보적이어서 언젠가 발전된 버전으로 다시 펴내야겠다고 생각하고 있었는데 막상 다른 책을 준비하며 이 책을 다시 자세히 살펴보니 부족함은 있지만, 기본적인 내용을 잘 담고 있고 만듦새도 꽤 성의가 있다고 느껴졌습니다.

그래서 이대로 초판으로 끝내는 것이 아쉬워 눈에 띄는 오류 정도만 보완하여 개정판을 만들기로 하였습니다. 그 중에서도 학명은 중요한 정보이기 때문에 WoRMS(World Register of Marine Species)를 참조하여 다시 정리하였습니다.

저의 조수웅덩이에 대한 애정은 2008년 성산일출봉 옆 수마포 조간대에서 시작하였습니다. 당시 EBS 하나뿐인 지구라는 프로그램을 촬영 중이었는데 내용 중 제주도 조간대 생물을 소개하는 부분이 있었습니다. 자연 다큐멘터리라 하기엔 제작비와 제작 기간이 턱없이 부족한 프로그램이어서 생태를 담지는 못하고 수박 겉핥기로 이런저런 생물의 모습을 보여주는 정도의 내용이었는데 마침 제주대학교 최광식교수님과 대학원 학생들이 현장에서 생물을 잡아 보여주며 설명하던 내용이 제 뇌리에 깊숙이 각인되었습니다. '어쩌면 이렇게 다양하고 흥미로운 생물들이 이렇게 작은 공간에 많이 살고 있을까?'라는 생각이 집으로 돌아온 후에도 머릿속을 떠나지 않았습니다. 얼마 후 제주도로 이주한 후 자연스럽게 제 발걸음은 조간대로 향했고 제주 곳곳의 바위 조간대와 조수웅덩이를 관찰하고 기록을 남겼습니다.

제주도 바위 조간대와 조수웅덩이는 말 그대로 생명력이 넘치는 곳입니다. 수영장처럼 큰 웅덩이는 물론이고 겨우 주먹이 들어갈 만한 작은 웅덩이, 손바닥만 잠길 정도의 얕은 웅덩이 안에서도 금방 몇 종의 생물을 발견할 수 있습니다. 가장 흔히 보이는 집게나 보말이라고 부르는 작은 고둥들도 조금만 자세히 살펴보면 조금씩 다른 여러 종이 있다는 것을 알게 되고 아무것도 없다고 느껴지던 바위도 낮은 자세로 관찰하다보면 틈새와 표면에 마치 돌의 일부인 양 숨어있는 생물들을 찾게 됩니다. 몸이나 얼굴이 들어갈 만한 크기의 조수웅덩이라면 수경을 쓰고 들여다보세요. 작은 생물들이 자신들만의 세상에서 오밀조밀 살아가는 모습에서 소설가 존스타인벡이나 현기영선생님의 표현대로 '작은 우주'를 보고 있다고 느끼게 될 겁니다.

제주도 바위 조간대와 조수웅덩이의 생물다양성은 다른 곳에서 쉽게 찾지 못할 만큼 풍부합니다. 조간대의 생물다양성과 생태는 곧 바다의 건강으로 연결됩니다. 그런 면에서 지금은 조간대를 다른 시선으로 볼 때입니다. 우선 그곳에 어떤 생물들이 어떻게 살아가고 있는지를 아는 것이, 가장 처음에 해야 할 일이라고 생각합니다.

이 책은 여전히 부족함이 많고 수많은 제주도 조간대 생물 중 극히 일부만 소개하고 있지만 그래도 마치 조간대에서 바다가 시작되듯 제 기록의 시작이었다는 것에 작은 의미를 갖습니다.

2023년 7월 임 형 묵

[차 례]

조수웅덩이 속의 세계에는 우리의 상상을 뛰어넘는 신비와 생명력이 가득합니다. 손바닥 보다 작은 것부터 수영장만한 조수웅덩이까지 제각각 환경은 모두 다르지만 같은 면적 안에서 가장 많은 생물종을 발견할 수 있는 곳입니다.

1. 조수웅덩이란?

바닷가에 생기는 웅덩이로 밀물 때는 물에 잠겼다가 썰물 때 드러난 뭍 위에 물이 고이는 곳입니다.

왜 밀물과 썰물이 생길까?

밀물과 썰물은 하루에 각각 두 번 볼 수 있습니다. 한 주기는 12시간 25분이고, 두 주기는 24시간 50분입니다. 따라서 밀물과 썰물은 하루에 50분씩 늦어집니다. 여래마을 바닷가에서 밀물이 썰물이 될 때까지 약 6시간 동안 변화하는 해안 풍경을 촬영했습니다.

밀물과 썰물은 달과 태양의 인력 그리고 지구의 자전에 의한 원심력 등이 작용하는데 그 중 달의 인력이 미치는 영향이 가장 큽니다. 실제의 조수간만은 인력이 미치는 거리와 위치 그리고 지형에 따라 다양하고 복잡하게 나타나는데 이러한 조석의 변화가 만들어낸 환경에 적응하는 과정에서 생물 종은 더욱 다양하게 분화되고 진화하였습니다.

사리와 조금

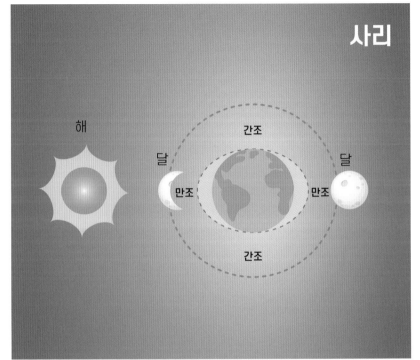

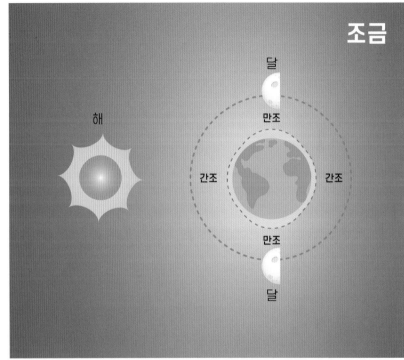

달과 태양이 일직선 상에 있을 때는 조수간만의 차이가 큰 사리(대조기)가 되며 직각에 위치할 때에는 힘이 분산되어 차이가 적게 나는 조금(소조기)이 됩니다.

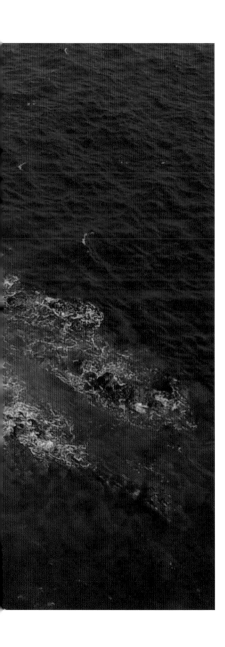

2. 제주도의 조수웅덩이

제주도 해안 대부분은 화산폭발의 결과로 형성되었습니다. 그래서 매우 복잡한 형태의 바위로 되어 있고 굴곡이 많아 그 사이 사이에 많은 조수웅덩이가 생깁니다. 제주도 대부분의 지역에서 조수웅덩이를 관찰할 수 있지만 바위조간대가 넓게 퍼져 있고 인공적인 시설이나 훼손 없이 잘 보존된 지역 중 대표적인 곳들을 소개합니다.

성산일출봉 수마포 조간대 조수웅덩이

성산일출봉 서쪽 해안엔 작은 선착장 옆에 바다방향으로 돌출된 편평한 암반지역이 있어 크고 작은 조수웅덩이가 많이 생깁니다. 이곳은 해조류가 많아 생태가 매우 풍부하며 어린 물고기도 많이 살고 있습니다. 물이 빠져 바위가 드러나면 낚시꾼과 관광객들이 많이 들어오는데 함부로 생물을 잡거나 발걸음에 주의하지 않으면 금새 망가질 위험이 있는 지역입니다.

보목동 소천지

백두산 천지의 축소판이라 하여 소천지로 불리는 큰 규모의 조수웅덩이입니다. 맑은 날 한라산이 잔잔한 물 위에 투영되는 풍광이 아름다워 사진가들이 즐겨 찾는 곳이기도 합니다. 규모에 비해 물의 소통이 많이 일어나지 않아 식물플랑크톤이 번성하고 수질은 탁한 편이나 이러한 환경을 좋아하는 굴과 큰뱀고둥이 많이 서식하며 수온이 높게 유지되어 나비고기, 청줄돔, 끄덕새우 등 따뜻한 물을 좋아하는 생물들이 살고 있습니다.

예래마을 조간대 조수웅덩이

서귀포시 예래동에서부터 대천동에 이르는 넓은 지역에 걸쳐 암반 조간대가 펼쳐져 있는데 그 중 논짓물에서 예래천 사이에는 종지만한 크기부터 농구장만한 것까지 천차만별의 조수웅덩이가 산재해 있습니다. 그중 가장 깊은 곳은 수심 2m가 넘으며 이곳은 바다에 잠겨있는 시간이 많아 조간대 하부에 서식하는 생물들을 볼수 있는데 베도라치류의 물고기들이 산란을 많이 하는 장소입니다.

신도리 도구리알

도구리라는 것은 제주어로 돌이나 나무로 만든 큰 그릇을 일컫는 말입니다. 도구리알은 바위 언덕 아래의 도구리 처럼 생긴 웅덩이를 뜻하는 것이며 마치 일부러 파놓은 듯 원형의 둥근 모양의 웅덩이 세 개가 나란히 있습니다. 큰 웅덩이에는 높은 파도와 함께 여러 가지 생물들이 바다로부터 들어오는데 태풍이 지나간 후엔 큰 물고기가 갇혀 있기도 합니다.

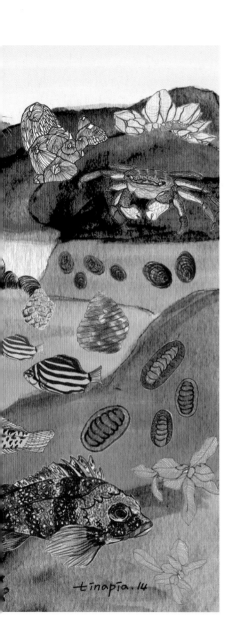

3. 제주도 조수웅덩이에는 무엇이 살까?

조수웅덩이는 다양한 생물이 한데 어우러지는 공간입니다.
움직임이 적은 듯해도 그 안의 생물들은 나름대로 생존을 위해 열심히 살아가고 있습니다.
눈높이를 낮추고 가만히 살펴보면 이 작은 세계에서 많은 생물들이 만들어내는
재미있는 이야기를 보게 될 것입니다.

조수웅덩이 생물 분류

| 어류 | 극피동물 | 절지동물 | 환형동물 | 연체동물 |

| 자포동물 | 해면동물 | 녹조류 | 갈조류 | 홍조류 |

이름 표기 방법

예) **줄새우아재비(국명)** *Palaemon serrifer(라틴어 학명)*

조수웅덩이 생물 특성 표시

• 사는 곳

크기

육지방향 ←

 조간대 상부

 조간대 중부

조간대 하부

→ 바다방향

• 주요 먹이

육식성
(갑각류, 연체류, 어류 등)

초식성
(해조류)

부착조류
(바위에 붙은 작은 조류)

퇴적물
(바닥에 가라앉은 유기물)

부유물
(떠다니는 유기물)

광합성
(빛 에너지를 이용)

바다를 풍성하고 활기차게 하는 어류 Fishes

무늬횟대가 *Furcina osimae*가 주변의 홍조류와 어울려 분간이 잘 안 되는 보호색을 띠고 있습니다.

바다에 물고기가 없다면 얼마나 심심할까요? 어류는 우리의 주요 식량이 되기도 하고 바다에 활력을 주는 매우 중요한 동물군입니다.

어린 등줄숭어 *Planiliza carinata*들이 수면에 떠있는 유기물을 먹느라 분주합니다.

조수웅덩이는 작거나 어린 물고기들에겐 유치원과 같은 역할을 합니다. 물론 위협이 전혀 없는 것은 아니지만 큰 바다에 비해 물살도 빠르지 않고 작은 물고기를 잡아먹는 큰 물고기도 적기 때문입니다. 그래서 어린 시절을 조수웅덩이에서 보내는 물고기들이 많습니다.

해포리고기 *Abudefduf vaigiensis*

해포리고기는 세로의 검은 줄무늬 5개가 뚜렷합니다. 유사한 종으로 줄무늬가 두 개 더 많은 흑줄돔과 꼬리에 검은 V자가 있는 검은줄꼬리돔이 있습니다.

제주의 조수웅덩이에는 해포리고기처럼 열대바다에나 살 것 같은 예쁜 모습의 물고기들도 많습니다. 해포리고기는 20cm까지 자라지만 제주도 조수웅덩이에서는 보통 5cm 미만의 어린 물고기를 보게 됩니다.

동강난 자리돔
동갈자돔 *Abudefduf notatus*

제주도 조수웅덩이에는 비슷한 모양과 습성을 가진 자리돔과 (Pomacentridae)의 물고기들이 몇 가지 있는데 해포리고기, 줄자돔 그리고 동갈자돔이 대표적입니다. 동갈자돔은 진한 회색의 몸 중간에 노란 줄무늬가 있어 쉽게 구분됩니다. 간혹 조그만 조수웅덩이에서 놀고 있는 이런 물고기들을 발견하면 나만의 작은 연못이 하나 생긴 것 같은 즐거움을 느낄 수 있습니다.

무늬만 호랑이
범돔 *Microcanthus strigatus*

호랑이 무늬를 해서 범돔이라 하지만 전혀 사납지 않고 무리를 지어 다니는 모습은 귀엽기까지 합니다. 동해안에서 제주까지 넓은 지역에 살며 비교적 흔한 종이기에 귀한 대접은 받지 못하지만 조수웅덩이를 관찰할 때 범돔 떼가 나타나면 항상 반갑습니다.

비늘베도라치 *Neoclinus bryope*

베도라치류의 뿔은 주로 위장용
으로 추측 됩니다. 굴 속에 들어
가 머리만 내놓고 있으면 물고기
라는 것을 알아보기 힘듭니다.

조수웅덩이를 관찰할 때는 가만히 한자리에서 오랫동안 주의 깊게 살펴보아야 합니다. 재미있는 생물들은 대부분 보호색이나 위장을 하고 있기 때문입니다. 비늘 베도라치는 머리의 피질돌기(피부로 되어 있어 단단하지 않은 돌기)까지 주변의 해조류와 닮아있어 찾기가 어렵습니다. 움직이면 들킬 것 같아서인지 카메라를 들이대도 잘 도망가지 않고 재미있는 포즈를 취해줍니다.

가막베도라치 *Enneapterygius etheostoma*

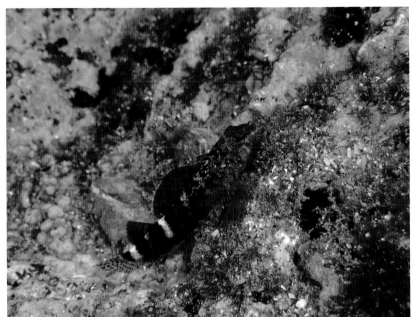

수컷 가막베도라치가 검게 변하고 있습니다.

암컷의 모습입니다. 산란기가 지나면 수컷도 같은 색이 됩니다.

제주도의 어느 바다에서나 쉽게 볼 수 있는 귀여운 얼굴의 작은 물고기입니다. 조간대 하부 조수웅덩이에서 관찰할 수 있습니다. 산란기가 아닐 때에는 암수 모두 오른쪽 사진처럼 갈색의 얼룩이 있는 수수한 색을 띠고 있지만 산란기가 다가오면 수컷은 좌측 사진처럼 몸이 검게 변하고 꼬리 쪽의 흰 줄은 더욱 선명해지며 암컷의 경우 큰 변화는 없지만 주둥이 부근에 붉은 빛이 돕니다. 수컷은 점점 까맣게 변해 나중에는 암수가 전혀 다른 종처럼 보이는데 이 때에는 수컷끼리 영역 다툼을 하거나 암수가 어우러져 연애하는 모습도 자주 목격됩니다.

가막베도라치의 피부에는 다양한 색의 점들이 있는데 어떤 점이 커지는가에 따라 몸 전체의 색이 달라지는 것입니다.

있는 듯 없는 듯 조용히 살아가는
풀비늘망둑 *Eviota abax*

몸 전체의 크기에 비해 비늘이 뚜렷하고 큰 것이 풀비늘망둑의 특징입니다.

4.5cm미만의 아주 작은 망둑으로 움직임도 많지 않아 물 밖에서 관찰하긴 쉽지 않지만 스노클링을 하면 의외로 얕은 곳의 바위주변에서 흔히 볼 수 있습니다. 제주도를 비롯해 따뜻한 바다를 좋아합니다.

대강베도라치 *Istiblennius edentulus*

평소엔 얼굴의 흰줄무늬가 이렇게까지 진하게 나타나진 않습니다. 관찰하다 보면 수시로 몸의 색이 달라지는 것을 볼 수 있습니다.

(위) 물 밖에서 본 모습. 넓적한 입이 인상적입니다.
(아래) 흰 줄무늬는 금새 뚜렷해지기도 하고 흐려지기도 합니다.

3~4cm정도의 어린 대강베도라치의 모습입니다.

조수웅덩이에 접근 할 때에는 자세를 낮추고 살금살금 천천히 다가가야 합니다. 그렇지 않으면 후다닥 바위 틈으로 숨어버리는 대강베도라치의 검은 그림자만 보게 될 것입니다. 크기나 상태에 따라 다양한 무늬가 나타나지만 물 밖에서는 보통 검은 색으로 보입니다. 대강베도라치들이 햇볕이 잘 드는 얕은 곳에 나와 빨판 같이 넓적한 입으로 바위에 붙은 조류를 뜯어 먹는 모습을 보면 마치 초원의 소들이 한가롭게 풀을 뜯는 광경이 연상됩니다.

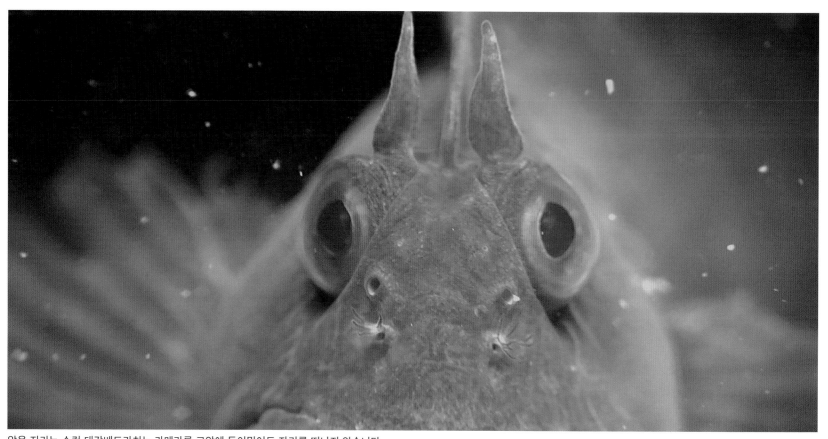

알을 지키는 수컷 대강베도라치는 카메라를 코앞에 들이밀어도 자리를 떠나지 않습니다.

대강베도라치의 이마엔 뿔처럼 생긴 돌기가 한 쌍 솟아 있고 콧구멍에도 손가락 모양의 가지가 뻗어 나 와 있습니다. 수컷 머리에는 닭의 볏과 같이 넓적한 판이 돌기 사이에 있습니다.

알의 부화까지는 대략 1주일이 소요되는데 아빠물고기는 모든 알이 부화될 때까지 굴을 떠나지 않으며 지느러미를 이용해서 산소를 공급해줍니다.

(위) 대강베도라치의 알입니다.

(아래) 알에게 위협이 되는 집게를 물어 멀리 갖다 버리고 있습니다.

대강베도라치는 바위 굴이나 돌 밑에 알을 낳습니다. 산란이 끝나면 암컷은 떠나고 수컷이 홀로 부화할 때까지 알을 돌보는데 부성애가 강해서 알에게 위협이 될만한 것이 나타나면 주둥이로 쳐내거나 아예 입으로 물어 멀리 갖다 버립니다.

저울베도라치 *Entomacrodus lighti*

저울베도라치는 주로 조간대 하부의 비교적 깊은 조수웅덩이에서 발견됩니다. 항상 바위나 바닥에 붙어있습니다.

청베도라치과의 물고기를 영어로 블레니(Blenny)라고 하는데 미끄러운 물고기라는 뜻이라고 합니다.

저울베도라치는 돌 틈이나 굴 껍질 같은 구멍 속에 몸을 숨기고 알도 낳습니다.

저울베도라치는 대강베도라치와 비슷해 보이나 크기가 약간 더 작아 10 ~ 12cm 정도이고 체색이 밝고 무늬가 뚜렷해서 구분이 어렵지 않으며 머리에는 넓적한 볏은 없고 뿔 모양의 돌기만 있으며 입의 폭도 조금 더 좁습니다. 저울베도라치 역시 바위 표면의 먹이를 먹지만 초식성에 가까운 대강베도라치에 비해 육식성 먹이도 좋아해 작은 갑각류나 연체동물을 먹기도 합니다.

굴 껍질 안에서 산란이 이루어지고 있습니다. 노란색을 띠는 것이 암컷인데 알을 낳아 벽에 붙이면 수컷은 알 위에 정액을 뿌려 수정시킵니다. (사진 김건태)

수컷 한 마리와 세 마리의 암컷이 하나의 굴 속에서 동시에 산란에 참여하고 있습니다.

저울베도라치의 산란은 매우 인상적인데 덩치가 큰 수컷 한 마리가 바위의 구멍이나 굴 껍질에 터를 잡고 기다리면 여러 암컷들이 찾아와 서로 알을 먼저 낳기 위해 경쟁을 합니다. 경우에 따라 여러 마리의 암컷이 동시에 같은 곳에 산란을 하기도 합니다.

저울베도라치의 산란은 한 번에 이루어지지 않고 여러 암컷이 며칠에 걸쳐 알을 낳기 때문에 알이 모두 부화할 때까지는 시간이 더 소요됩니다.
그만큼 수컷이 알을 지켜야 하는 시간도 길어집니다.

아마도 그러한 습성이 생긴 이유는 암컷이 각자 안전한 장소를 찾아 알을 낳고 지키는 것보다는 강한 수컷이 좋은 조건의 장소를 차지하고 알을 잘 돌봐 부화시키는 것이 암수 모두 건강한 자손을 많이 얻을 수 있는 효율적인 번식방법이기 때문일 것입니다.

두줄베도라치 *Petroscirtes breviceps*

소라껍질 속에 산란을 한 두줄베도라치가 알을 지키고 있습니다. 두줄베도라치는 특이하게도 바위 굴이나 바위에 붙은 굴 껍질 같은 안정된 곳이 아니라 파도나 물살에 흔들리는 소라껍질이나 버려진 병 안에 산란합니다.

(위) 두줄베도라치가 조수웅덩이에 설치된 카메라을 입으로 쪼아봅니다.
(아래) 장난 삼아 신발을 벗어 놓으니 그 안에도 들어가 살핍니다.

(위) 누가 누구를 관찰하는 것인지 모를 일입니다.
(아래) 물컵은 입구가 넓어 알을 낳을 집으로 삼지 않습니다.

구멍 속에 숨기 좋아하는 물고기라면 두줄베도라치를 빼놓을 수 없습니다. 호기심도 대단해서 새로운 물건이 나타나면 참지 못하고 다가와 살핍니다.

버려진 플라스틱 파이프 안에 산란을 하고 두줄베도라치 수컷이 지키고 있습니다. (사진 김건태)

두줄베도라치는 특히 산란기가 되면 자기 영역을 지키려는 본능이 강해져 집에 접근하는 침입자를 용납하지 않으며 아래턱의 날카로운 송곳니로 사정없이 물어뜯기도 하는데 심지어 사람도 공격합니다.

음료 병에 들어가 있는 두줄베도라치 (사진 김건태)

(위) 입구가 좁은 병을 특히 좋아합니다.
(아래) 무늬망둑과 영역싸움이 벌어졌습니다. (사진 김건태)

물속을 굴러다니던 작은 병을 차지한 두줄베도라치는 아마도 그 병이 아주 맘에 들었나 봅니다. 밀려오는 파도에 병이 데굴데굴 굴러가도 그대로 안에서 나오지 않다가 결국 무늬망둑의 영역까지 흘러오게 되자 오히려 원 주인인 무늬망둑을 위협해 쫓아냅니다.

앞동갈베도라치 *Omobranchus elegans*

앞동갈베도라치는 가까이 접근해서 촬영을 해도 멀리 도망가지 않고 오히려 눈을 굴리며 카메라를 관찰하기도 합니다.

앞동갈베도라치가 가장 좋아하는 집은 큰뱀고둥의 껍질입니다. 어쩌면 그렇게 몸에 꼭 맞는지 마치 큰뱀고둥 껍질에 몸의 모양을 맞춘 것 같습니다.(사진 김건태)

(위) 위 큰뱀고둥껍질에 들어가 얼굴만 내밀고 있습니다.
(아래) 밖에 나와도 집에서 멀리 가지는 않습니다.

노랑과 검정의 조합이 사람 눈에 가장 잘 띄어 도로나 안전시설에 많이 사용된다는 것은 미술시간에 익히 들었을 겁니다. 조수웅덩이에서 노란 바탕에 검정줄무늬 (어두운 갈색)의 앞동갈베도라치가 파란색 보석이 박힌 레이스 같은 지느러미를 하늘하늘 흔들며 헤엄치는 모습은 금방 시선을 사로잡습니다.

앞동갈베도라치가 좁은 구멍에 들어갈 때에는 먼저 구멍 속을 눈으로 들여다 보며 위치를 가늠한 후 몸을 돌려 꼬리부터 집어넣지만 굴 껍질처럼 내부에 몸을 돌릴 공간이 있는 경우는 머리부터 들어가기도 합니다.

큰뱀고둥이 자연스럽게 죽은 후 앞동갈베도라치가 집을 차지하는 것인지 일부러 죽이고 집을 차지하는 것인지는 아직 알 수가 없지만 날카로운 이빨을 지닌 앞동갈베도라치는 마음만 먹으면 충분히 큰뱀고둥을 없앨 수도 있을 것으로 보입니다.

평소엔 작은 먹이를 먹지만 죽은 물고기나 게처럼 큰 먹이에도 달려드는데 날카로운 이빨로 먹이를 물고 몸을 비틀어 살점을 떼어냅니다.

귀여운 얼굴의 앞동갈베도라치도 영역을 지키는 본능이 강해 번식기엔 같은 종족이 자기 영역에 들어오면 가차없이 쫓아냅니다.

점망둑 *Chaenogobius annularis* Gill

별망둑 *Chaenogobius golosus*

점망둑은 조수웅덩이에서 가장 쉽게 볼 수 있는 물고기입니다.

별망둑은 점망둑보다 조금 더 깊은 조수웅덩이에서 삽니다.

조수웅덩이는 사막의 오아시스처럼 썰물에 드러난 바위 사이에 물을 머금어 생명을 유지시켜 주는 곳이기도 하지만 상황에 따라선 일반 물고기는 견디기 힘든 온도나 염분의 변화가 생기는 극단적인 환경이 되기도 합니다. 그런데 강력한 적응력으로 웬만한 물고기는 살 수 없는 곳에서도 발견되며, 급작스러운 환경 변화에도 의연한 모습을 보이는 물고기가 바로 망둑어류이고 그 중에서도 대표적인 것이 바로 이 점망둑과 별망둑입니다. 이들은 바닷물에서 건져내 적응시간 없이 민물에 옮겨 넣어도 금새 아무렇지 않다는 듯 먹이를 주면 바로 받아먹습니다.

(위) 점망둑의 머리와 꼬리
(아래) 별망둑의 머리와 꼬리

점망둑은 7cm 이하의 작은 망둑어이며 두드러진 외형적 특징은 첫째, 꼬리지느러미 바로 앞의 검은 점이 있고 둘째, 몸 중앙에 구름모양의 흰 무늬에 까만 점이 있다는 것입니다. 별망둑은 점망둑에 비해 조금 더 깊은 곳에 살며 크기가 12cm까지 자라고 전반적으로 색이 더 짙습니다. 별망둑도 꼬리 앞에 검은 점이 있으나 몸통의 흰 점은 점망둑처럼 퍼져있지 않고 별처럼 작고 선명해 별망둑이란 이름이 붙었습니다.

강인한 생명력을 가진 극피동물 Echinodermata

빨강불가사리 *Certonardoa semiregularis* 는 깊은 조수웅덩이나 조간대 하부에서 발견됩니다.

불가사리가 조개나 전복양식을 망치는 악당으로 매도되는 경우가 많지만 대부분의 불가사리는 그와 전혀 무관합니다. 이들은 오히려 양식장 주변의 폐사한 동식물의 사체를 먹어 환경을 깨끗이 하는 청소부 역할을 담당합니다.

❶ 둘로 나뉘어진 팔손이불가사리의 몸에서 새 팔이 나오고 있습니다.
❷ 성게나 불가사리는 수많은 관족(빨대처럼 속이 비어 있음)을 가지고 있는데 그것으로 먹이를 잡거나 바위에 붙어 있습니다.

바다의 밤송이
보라성게 *Heliocidaris crassispina*

(큰 사진) 보라성게의 가시는 단단하고 뾰족하여 찔리면 고통스럽기 때문에 밟지 않도록 주의해야 합니다.
(작은 사진) 가시는 작고 부드러운 것과 딱딱한 것이 섞여 있는데 작은 것의 끝에는 빨판이 달려있어 벽이나 바닥에 몸을 고정시킵니다.

성게는 보통 돌 틈에 숨어 지내다가 가시 같은 발을 움직여 돌아다니며 먹이를 찾기도 합니다. 어민들은 보라성게가 해조류를 먹어 치운다며 미워하기도 하지만 고소한 맛이 일품인 성게의 알은 고급 식품입니다.

뱀거미불가사리 *Ophiarachnella gorgonia*

(작은 사진) 거미불가사리류는 입과 항문이 반대편에 있는 일반 불가사리와 다르게 입과 항문이 하나입니다.
(큰 사진) 실제로는 이와 같이 나와 있는 모습을 보기는 어려우며 대부분 돌 아래에 숨어 지냅니다.

뱀거미불가사리는 제주도 대부분의 해안에 많이 살고 있지만 눈에 띄는 경우는 그리 많지 않습니다. 불가사리는 팔이나 몸이 잘라지면 잘라진 몸의 일부가 자라나 새로운 불가사리가 되는데 이것을 보고 절대 죽일 수 없는 상상의 동물 불가살이(不可殺伊)에서 이름을 따다 붙였다고 합니다.

단단한 껍질과 관절이 있는 다리 **절지동물** Arthropoda

게나 집게, 새우는 모두 겹눈을 갖고 있습니다. 겹눈은 아주 작은 낱 눈이 여러 개 모인 것으로 이런 눈을 가진 동물은 대체로 보는 능력이 뛰어난 편입니다.

지구 상의 모든 동물 가운데서 84%를 차지하는 것이 절지동물입니다. 물론 그 중에는 곤충이 차지하는 비중이 크지만 그들의 조상 역시 바다에서 유래되었습니다.

탈피를 위해 돌 틈에 모여있는 무늬발게(탈피할 때가 되면 껍질이 붉게 변함)

절지동물 중 게나 새우는 갑각강에 속하는데 이들은 성장하려면 단단한 껍질을 벗고 부드러운 몸으로 빠져 나오는 탈피를 여러 번 거쳐야 합니다. 탈피 중에는 쉽게 적에게 잡아 먹히기 때문에 좁은 돌 틈에 숨어있는 경우가 많습니다.

줄새우아재비 *Palaemon serrifer*

줄새우아재비가 집게발로 해조류 주변을 더듬거리며 먹이를 찾고 있습니다.

줄새우아재비의 특징은 다리마디의 노란 점입니다.

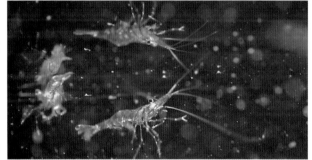
(위) 위 물속에 손이나 발을 담그고 있으면 줄새우아재비들이 피부를 뜯습니다.
(아래) 밤에 불빛에 몰려든 동물플랑크톤을 잡아먹고 있습니다.

'어디선가 누군가에게 무슨 일이 생기면…' 이란 가사로 시작되는 만화영화 주제가나 또 동네 일을 도맡아 처리하는 성실한 남자의 이야기 '홍반장'이란 영화를 생각나게 하는 조수웅덩이 동물이 있습니다. 바로 줄새우아재비입니다. 이름에 아재비가 붙는 것은 어떤 것과 닮았다는 의미로 줄새우아재비는 민물에 사는 줄새우와 비슷한 것이란 뜻입니다. 이들은 조수웅덩이 안에 먹을 것의 냄새가 나거나 움직임이 포착되면 가장 빨리 행동에 나서는데 조심성이나 경계심이 적은 편이어서 사람이 다가가도 잘 피하지 않습니다. 오랫동안 조수웅덩이에 손이나 발을 담그고 있으면 줄새우아재비들이 모여들어 닥터피시가 아닌 따끔따끔한 닥터쉬림프 체험을 하게 됩니다. 밤에 조수웅덩이에 불을 비추면 많은 플랑크톤이 모여드는데 이때를 놓칠세라 줄새우아재비들이 수면을 바쁘게 돌아다니며 동물 플랑크톤을 사냥하는 모습도 관찰할 수 있습니다.

참집게 *Pagurus filholi*

얕은 조수웅덩이에 수많은
집게들이 모여있습니다.

조수웅덩이나 조간대 바위 틈에 작은 고둥들이 떼지어 있는 모습이 보입니다. 하지만 조금만 눈여겨보면 그 중에는 진짜 고둥보다 고둥껍질을 뒤집어쓴 집게가 훨씬 더 많다는 것을 알 수 있습니다. 집게는 게와 새우의 중간형태인 갑각류입니다,

참집게는 제주도 조간대에서 가장 흔하게 만나는 집게로 눈알고둥, 밤고둥, 개울타리고둥 등 소형 고둥의 껍질에 살고 있습니다. 다리는 진한 녹색이며 끝부분이 흰색입니다.

털보긴눈집게 *Paguristes ortmanni*

주로 깊은 곳에 살지만 조수웅덩이에서도 자주 볼 수 있는 몸길이 3~5cm 정도로 중간크기의 집게입니다.

집게 중엔 특정한 고둥껍질을 선호하는 종이 있기는 하지만 크기와 모양만 맞는다면 가리지 않고 여러 가지 고둥 껍질을 집으로 삼는 집게도 많습니다. 그리고 몸이 자라면 헌 집을 떠나 새 집을 찾아 이사하는데 마땅한 집을 찾지 못하면 다른 집게의 집을 빼앗기도 합니다. 집게는 집에서 나오면 너무나도 연약하여 금새 게나 물고기의 밥이 되고 말기 때문에 최대한 빠른 동작으로 집을 옮깁니다.

사진의 털보긴눈집게는 소라껍질에 들어가 있지만 그렇다고 이들을 소라게라 부르는 것은 잘못입니다. 소라껍질에 사는 커다란 집게를 애완용으로 팔면서 소라게라는 잘못된 이름이 널리 알려졌는데 올바른 명칭은 소라게가 아닌 집게입니다. 또한 소라 역시 특정 종의 이름이며 고둥의 대명사가 될 수 없습니다.

털보긴눈집게의 가장 두드러진 특징은 유난히 길게 튀어나온 눈과 그 눈 자루에 세로로 난 진한 갈색의 줄무늬입니다. 그리고 다리는 물론 몸 전체에 온통 긴 털이 숭숭 나있습니다.

검은줄무늬참집게 *Pagurus nigrivittatus*

사진으로는 커 보이지만 실제로는 1cm도 안 되는 작은 검은줄참집게를 촬영한 사진입니다.

집게 그것도 작은 집게를 구분하는 것은 정말 어려운 일입니다. 학자들은 집게를 집에서 끄집어 내서 표본을 만든 후 몸 전체의 모양을 자세히 살피고 DNA를 분석하지만 일반인들은 집게다리의 좌우 크기 차이, 눈이나 다리의 무늬 등을 보고 이름을 알아내면 됩니다. 쉽지 않다고요? 그래서 재미있는 것이죠. 바닷가에 나가서 알쏭달쏭한 퀴즈를 풀어보세요.

어둑어둑해질 무렵 바위게들이 파도가 덮치는 바위 위에서 열심히 먹이를 먹습니다.

바다 생물 중 빼놓을 수 없는 것이 바로 게입니다. 게는 사람이 먹을 수 있는 유용한 수산자원이기도 하지만 많은 생물들의 먹이가 되기도 하고 바다를 깨끗하게 정화하는 역할도 담당하는 매우 중요한 생물입니다. 워낙 친근한 동물이기에 요즘 어린 아이들이 모든 게를 꽃게라고 부르는 경향이 있는데 꽃게는 수없이 많은 게의 한 종류일 뿐이므로 정확한 구분이 어렵다면 그냥 게라고 부르는 것이 옳습니다.

이름과 같이 큰 바위 주변에 살고 있습니다. 조수웅덩이뿐 아니라 파도가 거친 바위 해변도 좋아하는 바위게는 햇볕이 쨍쨍한 한낮엔 그늘진 바위 틈에 숨어 있다가 해 저물 무렵에 어슬렁어슬렁 떼를 지어 나와 파도가 바위를 덮으면 그 틈을 타 해조류나 바위에 붙은 유기물들을 떼어먹습니다.

바위게는 오래 전 태평양 반대편 아메리카 대륙에서 건너온 것으로 추정되지만 이미 우리 바다에 적응하여 토착화된 종입니다.

63

등껍질이 납작 매끈
납작게 *Gaetice depressus*

조수웅덩이나 해안의 호박만한 돌을 하나 들추었을 때 가장 많이 볼 수 있는 게입니다. 큰 것은 3cm가 조금 넘으며 등이 납작하고 매끈하며 집게 다리에 흰 점이 있습니다. 납작게는 털이 달린 턱다리로 물속 플랑크톤 등 먹이를 걸러 먹기도 합니다.

등껍질이 오톨도톨
사각게 *Sesarma pictum*

조간대 상부 바위 지대에 삽니다. 사각게의 등과 집게는 울퉁불퉁하며 좁쌀 같은 돌기도 나있습니다. 게의 등껍질을 위에서 내려다 보았을 때 눈 뒤로 톱날처럼 뾰족한 부분을 가시 혹은 이빨이라 하는데 사각게는 눈 바로 뒤에 이빨이 양쪽에 하나씩만 있습니다.

다리가 얼룩덜룩
무늬발게 *Hemigrapsus sanguineus*

형태는 납작게와 비슷하지만 등이 불룩하고 등과 다리에 뚜렷한 얼룩무늬가 있습니다. 조수웅덩이를 좋아하는 게입니다.

입술이마누덕옷게 *Micippa platipes* Rüppell

아무것도 없는 것처럼 보이는 바위 위에서 무엇인가 움직임이 포착되어 가만히 살펴보니 어렴풋이 게의 윤곽이 나타납니다. 장갑 위에선 뚜렷한 형태가 나타납니다.

입술이마누덕옷게라는 거창하면서도 초라한 이름의 이 게는 눈여겨보지 않으면 바로 발 밑에 두고도 찾을 수 없습니다. 물맞이게과에 속하는 게들은 위장을 하거나 다른 생물과 비슷한 모습으로 숨어사는 것이 많습니다. 입술이마누덕옷게는 조수웅덩이 바위나 해조류 사이에 붙어 있는데 주변의 지형지물과 매우 흡사하게 위장을 하고 있어서 눈썰미가 좋아야 찾을 수 있습니다.

(큰사진) 입술이마누덕옷게는 주변의 잡동사니를 몸에다 정성껏 주워 붙이는데 이 게는 해조류를 잘라 조심 조심 정성을 다해 이마에 꽂고 있습니다.

(작은사진 위) 위 팔이 닿지 않는 등에는 모래 알갱이를 힘껏 집어 던집니다. 그러면 신기하게도 모래알갱이가 척하고 달라 붙습니다. 접사렌즈로 입술이마누덕옷게의 등을 확대해 보면 끝이 구부러진 짧은 털이 등 전체에 촘촘히 나있습니다.

(작은사진 아래) 돌이 붙는 그 원리는 바로 우리가 생활 속에 많이 사용하는 일명 찍찍이 즉 벨크로테이프와 같습니다.

66

제주도 조수웅덩이에선 몇 가지 종류의 민꽃게류가 살고 있습니다.

조수웅덩이에서는 감히 민꽃게의 집게발에 대항할 자가 많지 않습니다. 먹이 경쟁에서도 민꽃게의 등장은 곧 상황이 정리된다는 것을 의미합니다. 두갈래민꽃게는 이마에 둘로 나뉘어진 경계가 있어 붙은 이름이며 넓적한 맨 뒤의 다리 한 쌍은 헤엄칠 때 사용합니다. 이렇게 헤엄치는 꽃게류를 영어로는 스위밍크랩(swimming crab)이라고 부릅니다.

갯강구 *Ligia exotica Roux*

갯강구는 보통 바닷가 바위나 방파제 같은 곳에 떼지어 다니지만 위급하면 물속으로 숨기도 합니다.

집안에 바퀴벌레가 나타나면 질색을 하듯 바다의 바퀴라는 이름을 가진 갯강구가 떼지어 나타나면 징그럽다며 피하는 사람들이 많습니다. 하지만 갯강구는 해안에 떠밀려온 유기물을 분해하는 중요한 역할을 담당하며 절지동물이 바다에서 육지로 진출하는 과정을 보여주는 표본이 됩니다. 곤충인 바퀴벌레와는 거리가 있으며 습한 곳을 좋아하는 쥐며느리와 매우 가까운 친척입니다.

징그럽다는 것은 편견 **환형동물** Annelida

조수웅덩이의 바위나 돌은 물론 고둥 껍질, 군부의 등 등 단단한 곳이면 어디나 붙어 사는 석회관갯지렁이류입니다. 이들은 단단한 관을 만들어 들어가 있으며 촉수만 내놓고 유기물 등을 걸러 먹습니다.

환형동물은 육지의 지렁이를 포함해 동그란 단면과 마디(체절)를 가진 길쭉한 동물을 일컫는 것입니다. 환형동물인 지렁이나 갯지렁이 모두 유익한 동물이며 생태계에서 중요한 역할을 합니다. 게다가 갯지렁이 중에는 보기에도 아름다운 모습을 한 종들이 많습니다.

누가 이 아름다운 모습에서 지렁이를 연상할 수 있을까요? 조수웅덩이 속에 한 송이 꽃이 피었습니다.

띠조름꽃갯지렁이(솜털꽃갯지렁이) *Branchiomma cingulatum*

꽃갯지렁이(과)는 부드러운 튜브모양의 집을 짓고 그 안에 숨어 촉수만 밖으로 내밀뿐 밖으로 나오는 일은 절대 없습니다.

위협을 느끼면 순식간에 촉수를 안으로 감추는데 겉모습은 지렁이라는 것이 믿기지 않지만 튜브 속의 모습은 우리가 상상하는 바로 그 갯지렁이와 크게 다르지 않습니다.

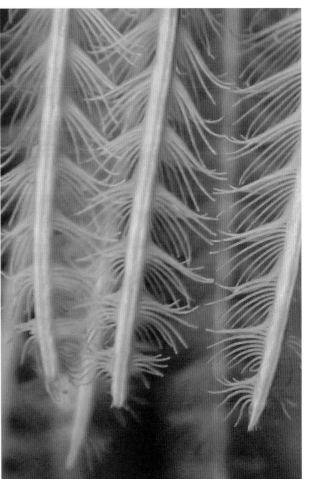

꽃잎처럼 생긴 것은 꽃갯지렁이의 촉수입니다. 마치 새의 깃털처럼 촘촘히 털이난 촉수는 물살에 흔들리며 플랑크톤이나 유기물을 잡아 가운데 뚫린 입으로 전달하는데
마치 릴레이 선수가 바통을 전하는 방식과 비슷합니다.

몸이 말랑 말랑 **연체동물** Mollusca

조수웅덩이에서 가장 강력한 포식자는 참문어 *Octopus vulgaris*입니다. 조개나 소라, 게 등 잡을 수 있는 것이면 모두 잡아먹습니다. 참문어의 굴 앞에 잡아먹은 조개껍데기가 깔려있습니다. (사진 김건태)

연체동물은 대부분 물속에서 살고 있으며 그 중에도 바다에 사는 연체동물의 종류는 매우 광범위하고 숫자도 많습니다. 문어, 오징어 같은 두족류에서 부터 작은 고둥들과 조개, 갯민숭달팽이까지 모두 연체동물에 해당합니다.

긴꼬리갯민숭달팽이 *Ceratosoma tenue*는 10cm가 넘는 대형의 갯민숭달팽이입니다. 주로 조간대 하부에서 발견됩니다.

어류만큼이나 유용한 수산자원인 연체동물들의 분포는 바다의 건강함을 나타내는 척도가 됩니다. 다양한 연체동물이 살 수 있는 곳이 건강한 바다입니다.

큰뱀고둥 *Thylacodes adamsii*

그물을 뽑아내고 있는 큰뱀고둥

거미줄에 걸린 먹이만 잡아먹는 거미와 달리 큰뱀고둥은 그물 자체를 빨아들여 먹습니다.

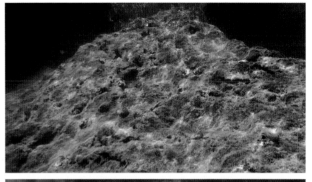

(위) 조수웅덩이 속 바위 위에 큰뱀고둥 여러 마리가 붙어 군집을 이루고 있습니다.
(아래) 점액질은 물의 흐름이 없으면 퍼져나갈 수 없습니다.

조수웅덩이 바위 위에 구불구불 이상한 생물이 붙어있습니다. 마치 원래부터 바위와 한 몸이었던 것처럼 보입니다. 얼핏 보면 살아있는 생물이라기 보다는 화석이 아닐까 생각되는 이것은 뱀이 똬리를 튼 모습처럼 보인다 하여 큰뱀고둥이라 불리는 고둥입니다. 큰뱀고둥은 파도나 물 흐름이 강한 곳보다는 조수웅덩이처럼 비교적 잔잔한 곳에서 많이 발견되는데 큰뱀고둥의 주변을 자세히 살펴보면 마치 거미줄처럼 실이 얽혀있는 것을 볼 수 있습니다. 큰뱀고둥은 끈적끈적한 점액질을 조금씩 내뿜어 주변으로 퍼지게 합니다. 얽히고 설킨 점액질 그물은 처음엔 잘 안보이다가 물 속의 부유물들이 붙으면서 갑자기 모습을 드러냅니다.

그물에 뭔가 많이 붙었다고 여겨지면 큰뱀고둥의 입이 벌어지며 쑥쑥 빨아 들입니다.

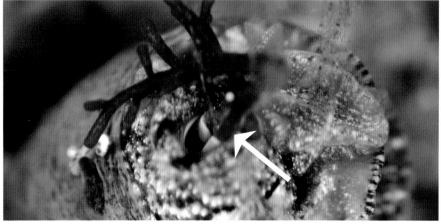

간혹 먹기에 너무 큰 먹이나 먹을 수 없는 것이 걸리면 감춰놓았던 날카로운 이빨로 작두처럼 잘라버립니다.

큰뱀고둥은 큰 돌이나 바위에 붙어 파도에 떠밀려 떨어져나가지도 않고 포식자에게 잡아 먹힐 위험을 피하면서도 충분한 먹이를 섭취하는 방법을 터득한 것입니다.

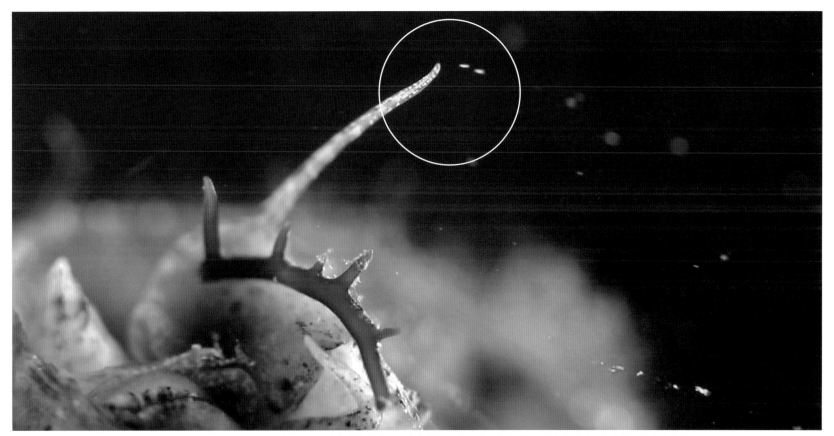

더듬이는 빨대처럼 안에 통로가 있으며 그 끝에서 하얀 알갱이 형태의 물질이 나옵니다. 그 알갱이들은 아주 가느다란 실로 연결이 되어있습니다. (사진 김건태)

큰뱀고둥이 먹이를 먹는 모습은 쉽게 눈에 띄었지만 그물을 만드는 과정은 잘 볼 수가 없었는데 그 이유는 점액질이 뿜어져 나올 때에는 투명해서 보이지 않기 때문입니다. 그런데 오랫동안 접사촬영을 한 후 촬영된 영상을 보니 놀랍게도 더듬이 끝에서 조그만 점액질 알갱이가 연속적으로 배출되는 것이 보였습니다.

군부 *Liolophura japonica*

어떤 군부들의 등껍질에는 조류나 석회관갯지렁이들이 붙어 살기도 합니다.

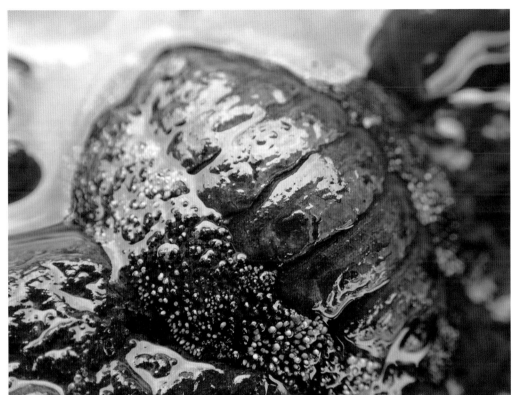

고둥과 같은 연체동물에 속하는 군부는 여러 개의 판으로 덮여있어 다판강으로 분류합니다.

(위) 군부는 바위 위를 기어 다니며 조류를 뜯어 먹습니다.

(아래) 움직임이 느리다 보니 등에 석회조류와 석회관갯지렁이가 붙어자랍니다.

제주 바닷가 바위 위나 조수웅덩이 가장자리에서 흔히 보이는 군부는 마치 화석처럼 바위에 납작 붙어있습니다. 거의 움직임이 없는 듯 보이지만 자세히 보면 모래알 같은 것이 잔뜩 붙은 발을 움직여 기어가는 것을 볼 수 있습니다.

같은 장소에서 발견된 군부류입니다. 비슷비슷해 보이는 군부류도 다양한 종류가 있습니다.
하지만 등껍질의 수는 모두 8개로 같습니다.

①꼬마군부　②비단군부
③털군부　　④좀털군부
⑤연두군부　⑥군부

군부요리입니다. 군부의 단단한 껍질을 돌에 벅벅 문질러 벗겨내어 채소와 함께 양념에 무쳐놓았습니다.

군부의 등껍질 마디가 마치 먹거리가 부족했던 과거에 많이 먹던 번데기를 연상시키기도 하는데 제주도 바닷가 마을에서는 이 군부를 보통 군벗이라 부르며 먹기도 합니다.

나도 고둥이다
꽃고랑딱개비 *Siphonaria sirius*

테두리고둥 *Patelloida saccharina*

좌측은 꽃고랑딱개비 우측은 테두리고둥입니다. 이렇게 비슷한 모양의생물을 나란히 놓고 비교하며 차이점을 찾는 것은 생물에 대한 이해를 넓히고 관찰에 재미를 더하는 요인이 됩니다.

고둥하면 보통 나선형의 껍질을 생각하지만 삿갓모양의 납작한 껍질을 뒤집어쓴 고둥도 여러 종류가 있습니다.
그 중에서도 꽃고랑딱개비와 테두리고둥의 겉모습은 매우 비슷해서 혼동하기 쉬우나 그리 가까운 친척은 아닙니다.
껍질의 가운데에서 바깥쪽으로 뻗어나온 무늬를 방사륵이라고 하는데 대체로 꽃고랑딱개비의 방사륵 수가 더 많고 선명합니다.

구분이 어려울 때는 뒤집어보면 차이가 보다 명확하게 드러나는데 꽃고랑딱개비의 살은 미색에 가까우며 테두리고둥은 주황색을 띱니다

이들 역시 다른 고둥들과 마찬가지로 배의 발로 기어 다니며 바위에 붙은 조류를 먹습니다. 이렇게 배에 붙은 발로 기어 다니는 연체동물을 복족류라고 부릅니다. 꽃고랑딱개비는 그 중에서도 육지의 달팽이와 가까운 범유폐류로 분류되는데 그 말은 호흡기관으로 폐를 가지고 있다는 뜻입니다.

밤고둥 *Chlorostoma lischkei*

조수웅덩이에서 보이는 밤고둥은 진짜 밤고둥인 경우보다 집게가 들어있는 경우가 더 많습니다.

제주의 전통음식으로 보말죽이 유명한데 보말은 제주방언이라기 보다는 특정한 고둥의 종을 지칭하는 말입니다. 정확히는 보말고둥이라는 종이 있지만 제주에서 말하는 보말은 대부분 밤고둥을 가리키는 것이며 최근엔 작은 고둥을 모두 보말이라 부르는 경향이 있습니다.

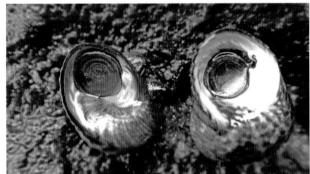

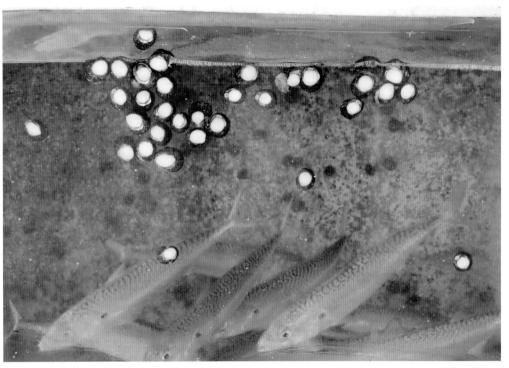

왼쪽 밤고둥과 오른쪽 개울타리고둥의 비교(패각의 줄무늬와
뚜껑의 모양과 색이 다름)

횟집 고등어 수조에 청소용 고둥을 넣어놓았습니다.

밤고둥과 가장 혼동하기 쉬운 것은 개울타리고둥입니다. 개울타리고둥은 밤고둥과의 가까운 종이며 모양도 많이 비슷하지만 조금만 눈여겨보면 차이가 쉽게 드러납니다. 우선 밤고둥은 전체적으로 고동색에 가깝고 개울타리고둥은 진회색빛을 띕니다. 또한 껍질의 줄무늬가 밤고둥은 사선 반향이 두드러지고 개울타리고둥은 껍질과 평행으로 가지런합니다.

관광지에 가면 횟집 수조에 고둥이 잔뜩 붙어있는 것을 쉽게 볼 수 있는데 대부분 밤고둥이나 눈알고둥 또는 팽이고둥입니다. 이 고둥들은 수조 유리에 붙은 이끼를 먹어 치워 유리를 깨끗하게 하기도 하고 손님 밥상에 올라가기도 하는 두 가지 역할을 수행합니다.

팽이고둥 *Tegula pfeifferi*

팽이고둥 껍질엔 대부분 조류가 붙어 자랍니다. 붙어있는 조류의 양과 종류로 살고 있던 깊이와 장소를 짐작할 수 있습니다.

밤고둥보다 커서 먹을 양이 많이 나오는 팽이고둥도 보말로 불려지는 경우가 흔합니다. 팽이고둥은 밤고둥보다는 좀 더 깊은 물을 선호해서 썰물에도 완전히 드러나지 않는 조간대 하부나 조수웅덩이에 살고 있습니다.

팽이고둥은 옆에서 보았을 때 삼각형에 가깝고 아래는 평평합니다.

개울타리고둥 *Monodonta confusa*

개울타리고둥은 활동적이어서 비교적 다른 고둥들에 비해 움직이는 모습을 쉽게 관찰할 수 있습니다.

개울타리고둥은 어디서나 아주 흔하게 만날 수 있는데 돌 틈이나 작은 조수웅덩이에 떼지어 몰려있는 경우가 많습니다. 의외로 빠른 움직임에 놀라기도 하는데 관찰해보면 발의 주름이 유난히 잘 발달해 있습니다. 천천히 기어 다니며 바위 위의 조류를 뜯어먹다가도 대수리 같은 육식 고둥이 달라붙으려 하면 쏜살같이 도망칩니다.

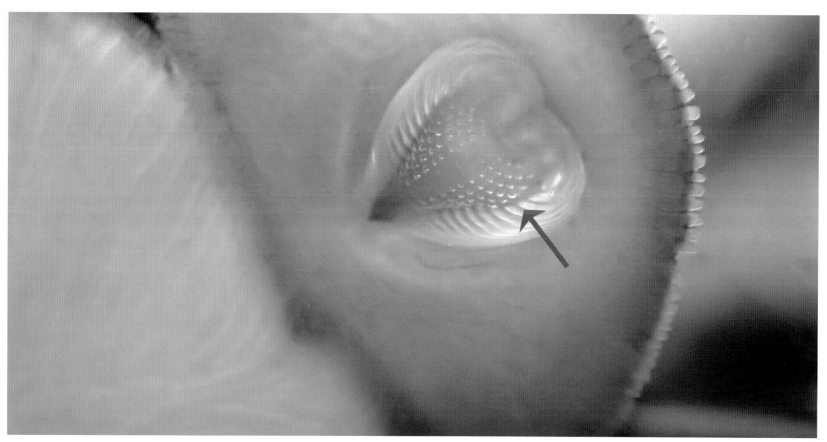

하트 모양의 입 속에 이빨의 역할을 하는 치설이 보입니다.

보통 고둥들은 입 안쪽의 치설이라는 돌기로 먹이를 갉아 먹는데 주로 먹는 먹이의 종류에 따라 모양이 다릅니다. 밤고둥, 팽이고둥, 개울타리고둥, 눈알고둥은 모두 초식성 고둥입니다.

눈알고둥 *Turbo coronata coreensis*

(큰 사진) 물속 바위 위를 기어가
는 눈알고둥

(작은 사진) 물이 없을 때 작은 구
덩이에 몰려있는 눈알고둥들

눈알고둥은 홀로 있는 경우가 거의 없고 좁은 틈에 여러 마리가 같이 무리지어있습니다. 주로 깊은 곳 보다는 얕은 조간대에 살며 간조 때에는 물이 없이 드러 난 곳에서도 잘 견딥니다. 그리고 껍질엔 고둥옷대마디말이라는 조류가 자라고 있어 마치 초록색 털로 덮인 것 같은 모습을 하고 있습니다.

(왼쪽) 개울타리고둥 (오른쪽) 눈알고둥

이 고둥은 어쩌다가 눈알고둥이라는 이상한 이름을 얻게 되었을까요? 껍질(패각)을 살짝 돌려 비교해보면 금방 이해가 될 것입니다. 개울타리고둥의 뚜껑은 얇고 납작하나 눈알고둥은 가운데가 볼록하게 솟아있는데 이 모양과 색이 마치 눈같이 보인다고 해서 눈알고둥이라는 이름이 붙게 된 것입니다.

갈고둥 *Nerita japonica*

조간대 상부에는 먹을 것이 충분치 않아 크기가 큰 생물은 보기 힘듭니다.

조간대를 높이에 따라 상중하로 나누면 가장 위인 상부 조간대에 속하는 곳은 바다와 격리되어있는 시간이 깁니다.
이런 곳은 조수웅덩이라 하더라도 온도나 염분의 변화가 심하고 때로는 바싹 말라 물이 없는 경우도 생깁니다.

(큰 사진) 파도나 조수에 의해 젖은 바위 위를 기어 다니며 바위에 붙은 조류를 먹습니다.

(작은 사진) 여름 한낮 갈고둥들이 조그마한 구덩이에 모여 있습니다.

하지만 이런 환경에서도 오랫동안 잘 견디는 생물들이 있습니다. 고둥류 중에는 우선 갈고둥을 꼽을 수 있는데 1cm미만의 작은 고둥이며 콩처럼 동글동글한 모양을 하고 있습니다.

물기조차 없어도 견디는 고둥들

총알고둥 *Littorina brevicula*

0.7cm

좁쌀무늬총알고둥 *Echinolittorina radiata*

0.5cm

바위 뒷면에 조그만 구멍이나 틈마다 총알고둥이며 좁쌀무늬총알고둥들이 촘촘히 박혀 몸을 숨기고 있습니다.

갈고둥보다도 더 메마른 환경에 적응한 총알고둥과 좁쌀무늬총알고둥은 다른 생물이 거의 없는 조간대의 최상부에서도 살고 있습니다.

두 가지 모두 소형 고둥이지만 좁쌀무늬총알고둥은 더 작고 표면에 오톨도톨한 무늬가 있습니다

이들의 껍질은 몸의 크기에 비해 매우 두껍고 단단해서 수분의 증발과 추위 또는 더위를 막는데 유용합니다. 그 중에서도 좁쌀무늬총알고둥은 큰 파도가 치기 전에는 거의 물에 젖지도 않는 바다에서 멀리 떨어진 바위나 인공구조물에 붙어사는 모습도 볼 수 있습니다

대수리 *Reishia clavigera*

해조류가 자라는 바위에 붙어있지만 대수리는 육식성 고둥입니다. 울퉁불퉁 근육질을 연상시키는 껍질을 갖고 있습니다.

굵은줄격판담치 주변을 잘 살펴보면 대수리나 두드럭고둥 같은 육식고둥을 찾을 수 있습니다.

살았는지 죽었는지 모를 정도로 아주 천천히 느릿느릿 움직이는 고둥들은 바위에 붙은 해조류나 겨우 먹을 수 있으려니 하겠지만 개중에는 육식을 하는 고둥들도 많습니다. 게다가 이들 중에는 죽은 동물 뿐만 아니라 살아있는 다른 고둥이나 조개를 사냥하는 녀석들도 있습니다. 대수리는 바위조간대의 대표적인 육식고둥 입니다. 대수리가 즐겨 먹는 먹이 중 하나가 담치인데 담치류는 바위에 붙어살기 때문에 대수리와 같은 육식고둥이 공격을 해도 도망을 갈 수가 없습니다. 굵은 줄격판담치는 단단한 껍질을 가지고 있지만 대수리에게 그 정도는 대수롭지 않은 것 같습니다.

두드럭고둥 *Reishia luteostoma*

대수리와 생김새도 습성도 비슷하지만 두드럭고둥의 껍질이 좀 더 울퉁불퉁 튀어나왔습니다.

(큰 사진) 굵은줄격판담치 사이 사이에 두드럭고둥이 자리를 잡고 있습니다.
(작은 사진) 육식고둥이 담치 껍질에 뚫어놓은 구멍입니다.

육식고둥들은 치설로 담치의 두꺼운 껍질에 동그란 구멍을 뚫어 살을 파먹습니다. 이렇게 구멍 뚫린 담치의 껍질을 열어보면 영락없이 속이 텅 비어있습니다.

파랑갯민숭달팽이 *Hypselodoris festiva*

파랑갯민숭달팽이는 제주 바다에서 흔히 볼 수 있는 갯민숭달팽이입니다. 앞쪽에 붉은 색으로 눈처럼 튀어나온 것은 더듬이이며 몸 뒤쪽에 꽃잎같이 벌어진 것은 아가미입니다. 이렇게 몸 뒤에 숨쉬는 기관이 있는 연체동물을 후새류라고 부르는데 화려한 색상으로 눈에 잘 띄고 껍질도 없이 부드러운 속살이 노출된 갯민숭달팽이가 포식자들에게 쉽게 잡아 먹히지 않는 이유는 몸에 독이나 물고기가 싫어하는 성분을 갖고 있기 때문입니다.

 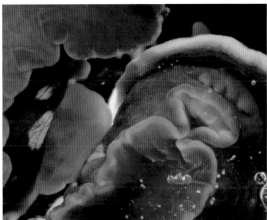 

갯민숭달팽이는 한 몸에 암수의 기능을 모두 갖고 있는데 이들은 짝을 만나면 오른쪽 옆구리의 생식기를 서로 맞대고 교미한 후 알을 낳습니다.

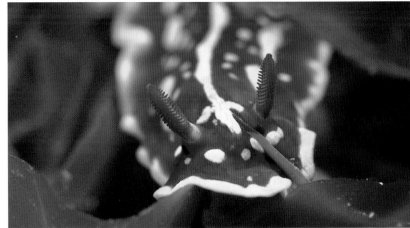 

빨간색 몽둥이처럼 생긴 것은 더듬이입니다.

파랑갯민숭달팽이의 아가미가 펼쳐진 모습입니다. 가운데는 항문입니다.

장미꽃 알을 낳는
안개갯민숭달팽이 *Dendrodoris fumata*

빨간 그물무늬
망사갯민숭달팽이 *Goniobranchus tinctorius*

군소 *Aplysia kurodai*

서양에서는 군소를 바다의 토끼(Sea Hare)라고 부릅니다. 왕성한 식욕을 가진 군소가 해조류를 먹는 모습이 풀을 먹는 토끼를 연상시키기도 합니다.

군소는 갯민숭달팽이와 가까운 동물이지만 매우 커서 길이가 40cm에 이르는 것도 있습니다. 물컹물컹한 몸과 뿔처럼 생긴 더듬이 때문에 무섭게 보일 수도 있으나 해조류를 먹는 초식성이며 다른 동물을 위협할만한 별다른 무기도 가지고 있지 않습니다. 다만 괴롭힘을 당하거나 위협을 느끼면 문어나 오징어가 먹물을 뿜듯 보라색 액체를 뿜어내는데 독 성분은 없는 것으로 알려져 있습니다

(큰 사진) 부챗말사이를 비집고 나오는 군소
(작은 사진) 바다에 국수처럼 보이는 것이 얽혀있어 '누가 라면을 버렸나?' 하는 생각이 들게 하는데 그것은 바로 군소의 알입니다.

제주도를 비롯한 바닷가 마을에서는 군소를 말려 먹기도 하며 쫄깃쫄깃한 별미이긴 하지만 그리 일반적인 음식이라 할 수는 없습니다.

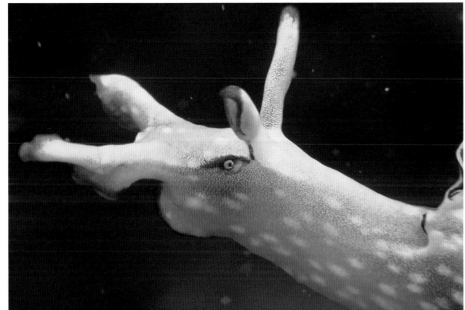

눈처럼 보이는 것은 안점이라고 해서 밝고 어두운 정도의 구분만 가능한 시각 기관입니다.

간혹 항문부근에 조류가 자라는 검은테군소를 볼 수 있습니다.

조수웅덩이에서 만난 검은테군소는 SF영화의 외계생명체 같은 인상이었는데 원시적인 눈의 기능을 하는 안점마저 생김이 또렷하여 마치 뭔가 할말이 있는 듯한 표정으로 보였습니다. 검은테군소는 색의 변이가 다양해서 이렇게 밝은 색 뿐만 아니라 진한 갈색까지 여러 가지 색을 띠고 있으나 공통적으로 촉각과 날개처럼 생긴 가장자리에 검은 테가 있고 몸 전체에 흰 반점이 있습니다. 아마도 몸의 색 변화는 먹이나 주변환경과 관련이 있는 듯합니다.

꽃 속에 독을 감추고 있는 자포동물 Cnidaria

말미잘은 알을 낳아 번식하기도 하지만 몸을 나누는 분열번식을 합니다. 그래서 주변에 가까이 있는 말미잘들은 과거 서로 한 몸이었을 가능성이 많습니다.

말미잘, 히드라, 해파리, 산호 같이 촉수의 독을 사용해 먹이를 잡는 동물을 자포동물이라 합니다. 최근 피서객이 해파리에게 쏘여 부상을 입는 일이 벌어지기도 하지만 모든 자포동물이 그렇게 강력한 독을 가지고 있는 것은 아닙니다.

사료찌꺼기 등 유기물이 많이 섞인 양식장 배출수가 유입되는 조수웅덩이 속에 번성한 큰산호말미잘 *Entacmaea quadricolor* 군락 (사진 김건태)

녹색열말미잘(가칭) *Heteractis aurora (Antheopsis koseirensis)*

말미잘은 바닥에 고정되어 있는 것이 아니며 스스로 자리를 옮겨 다니기도 합니다.

말미잘의 촉수에는 독이 있어 먹이를 마비시키지만 일반적으로 사람이 만져서 통증을 느낄 정도로 강하지는 않습니다.

화려한 색의 녹색열말미잘은 조간대에서도 조금 깊은 곳에 살지만 간혹 조수웅덩이에서 보이기도 합니다.

풀색꽃해변말미잘 *Anthopleura anjunae*

풀색꽃해변말미잘의 몸통은 녹색을 띠는데 이것은 공생하는 조류 때문에 나타나는 색입니다.

갈색꽃해변말미잘 *Anthopleura japonica*

조수웅덩이에서 가장 쉽게 볼 수 있는 말미잘입니다. 보통 지름 3cm미만의 작은 말미잘이며 연한 갈색의 촉수가 뻗어있습니다. 검정꽃해변말미잘과 비슷하지만 색이 좀 더 밝고 촉수에 흰색 반점이 있습니다.

검정꽃해변말미잘 *Anthopleura kurogane*

말미잘들은 넓은 공간보다는 좁은 틈을 더 좋아합니다. 아주 작은 조수웅덩이라면 더 좋을 것입니다. 그런 곳에는 먹이가 될만한 것들이 흘러들어와도 빠져나가기 쉽지 않고 썰물에 고립된 작은 공간에선 말미잘이 먹이를 잡을 확률이 높아지기 때문입니다.

우습게 봤다간 큰 코 다치는
흰깃히드라 *Aglaophenia whiteleggei*

흰깃히드라는 바위 위에 털이 난 것처럼 떼지어 붙어 있습니다.

바위에 붙은 흰깃히드라를 해조류나 이끼 정도로 생각해서 맨손으로 만지면 오랫동안 후회할 수도 있습니다. 히드라는 산호나 말미잘, 해파리와 마찬가지로 자포동물로써 강한 독을 가지고 있기 때문인데 마치 모기떼가 한꺼번에 문 것처럼 따끔거리다가 빨갛게 살이 부풀어오르고 가려워집니다. 이들은 독이 있는 촉수를 이용해 동물플랑크톤을 잡아먹습니다.

식물인가 동물인가 해면동물 Porifera

예쁜이해면 *Callyspongia (Cladochalina) johannesthielei*이 보라성게, 빨간등거미불가사리, 집게와 공생하고 있는 모습입니다.

영어로 스펀지(Sponge)라는 말은 원래 이 해면동물을 가리키는 것입니다. 뚜렷한 형태도 없는 이런 생물을 이용해 스펀지밥이라는 재미있는 캐릭터를 만들어낸 상상력이 정말 놀랍습니다.

항아리 모양 몸체의 작은 구멍으로 들어온 물에서 산소와 먹이를 흡수하고 남은 물을 화산 분화구처럼 생긴 위쪽 큰 구멍으로 내보냅니다.

해면은 미생물로부터 불가사리 같은 극피동물, 고둥류의 연체동물은 물론 물고기까지 여러 생물들과 어우러져 공생하는데 마치 식물이 아닌가 싶기도 하지만 식물처럼 스스로 양분을 만들어 내지 못하고 외부에서 섭취해야 하는 동물입니다.

아무 곳에나 잘 붙는
주황해변해면 *Hymeniacidon perlevis*

주황해변해면은 바위뿐 아니라 굴, 따개비. 해조류에도 붙어 자랍니다.

보라색 화산
보라해면 *Haliclona permollisimilis*

해면의 구멍을 대공이라 하는데 비교적 대공의 형태가 뚜렷합니다.

지저분해 보이지만 남과 더불어 사는
회색해변해면 *Halichondria (Halichondria) panicea*

회색해변해면의 구멍 속에 줄딱지거미불가사리가 공생을 하고 있습니다.

생명의 기원 해조류 Algae

성산일출봉 부근 조수웅덩이에는 다양한 해조류가 무성합니다. 해조류는 먹이가 되기도 하고 집도 되며 피난처도 되기 때문에 해조류가 번성한 곳에는 특히 많은 생물들이 살고 있습니다.

지구에 생명이 번성할 수 있었던 것은 바다에 해조류가 있었기 때문입니다. 해조류의 조상 뻘인 남조류의 광합성작용이 아니었다면 아마 우리 인간도 존재하지 못했을겁니다. 해조류는 지금도 여전히 바다는 물론 지구에 생명이 살 수 있는 환경을 유지하는데 매우 중요한 역할을 담당하고 있습니다.

비교적 얕은 수심의 조수웅덩이 속 해조류는 햇빛을 충분히 받기 때문에 광합성을 통해 많은 양의 산소를 만들어냅니다.

해조류는 식물이 아닌 원생생물에 포함됩니다. 그것은 해조류의 구조가 뿌리, 줄기, 잎으로 구성된 식물과 다르기 때문입니다. 해조류는 크게 녹조식물문, 갈조식물문 , 홍조식물문으로 나누는데 문이란 단위는 어류와 인간을 척추동물문으로 함께 묶듯이 분류체계에서 매우 큰 그룹에 속합니다. 우리가 주로 먹는 김과 우뭇가사리는 홍조류, 미역과 다시마는 갈조류, 파래는 녹조류에 해당합니다.

잔가시모자반 *Sargassum micracanthum*

모자반에 달린 풍선모양의 기포는 키가 자라도 곧게 서 있을 수 있도록 지탱해주는 역할을 하는데 덕분에 햇빛을 더 많이 받아 광합성을 하는데 유리합니다.

잔가시모자반은 갈조류에 속하는데 갈조류는 노화를 방지하는 항산화 성분을 많이 함유하고 있어 기업이나 연구자들이 그 활용법을 개발하고 있습니다.

부챗말 *Padina arborescens*

부챗말의 잎은 두꺼우며 갈라져 있는 경우가 많습니다.

부챗말은 깊은 바다나 파도가 치는 곳 보다는 조용한 조수웅덩이를 좋아하는 해조류 중 하나입니다.

얽히고 설킨
지충이 *Sargassum thunbergii*

우리나라 전역에서 쉽게 볼 수 있으며 군락을 이룹니다.
식용하기도 하지만 주로 구충제나 사료로 사용합니다.

물이 빠지면 시들어 있는
패 *Ishige okamurae*

썰물에 물밖에 드러나면 마치 죽은 것처럼 까맣고 단단하게 말라 붙습니다.

봄철 제주에서 즐겨먹는
톳 *Sargassum fusiforme*

바다향과 신선한 영양을 식탁에 전달해주는 중요한 해조류이고 수산자
원입니다.

산호처럼 보이는
방황혹산호말 *Corallina aberrans*

측백나무를 연상시키는 잎(엽상체)은 분홍색이며 납작하고 끝이 흰색
입니다.

모란갈파래 *Ulva conglobata*

모란갈파래는 모란꽃 모양으로 뭉쳐있다고 하여 붙여진 이름으로 조수웅덩이 주변 바위에 붙어있는 모습을 볼 수 있습니다.

맺는 말

조수웅덩이의 생태가 다채로운 이유는 바다와 육지가 서로 어우러지는 곳이기 때문입니다. 사람 사는 세상에서도 서로 다른 문화가 만나는 곳에서 가장 빛나는 문명이 꽃피었던 것처럼 다른 환경이 만나는 지점은 늘 다양하고 풍성하기 마련입니다. 하지만 최근 바다와 육지는 도로나 건물로 인해 단절되고 소통이 막혀버려 다양성과 풍요로움을 급격히 잃어가고 있습니다. 우리 식탁에 원양어선이 잡아온 다랑어가 올라온다고 해서 연안생태가 중요하지 않은 것이 절대 아닙니다. 모든 바다는 서로 연결되어 있고 그 시작은 언제나 가장자리이기 때문입니다.

어느 날, 늘 무심코 지나쳤을 조수웅덩이의 작은 세계를 눈 여겨 들여다보게 되면 그 속에서 고래와 상어가 헤엄치는 넓은 대양으로 나아가는 문의 열쇠가 반짝거리는 것을 발견하게 될 것입니다.

임형묵

참고문헌

양현성·최광식, 2011. 『제주도 조간대 해양생물』 제주씨그랜트사업단

이희중·박상률·최광식, 2014. 『제주 암반 조간대 생물 가이드북』 제주씨그랜트사업단

고동범, 2006. 『한국 후새류도감』 풍등출판사

홍승호·고석문·강인구·고동범, 2009. 『제주바다 갑각류 체험학습 길잡이』 도서출판 한글

홍승호·오상철, 2007. 『청소년을 위한 해양생물 체험학습 도감』 도서출판 한글

최윤·김지현·박종영, 2008. 『한국의 바닷물고기』 교학사

명정구, 2007. 『우리바다 어류도감』 황금시간

김미향·손민호, 2006. 『한국의 집게』 아카데미서적

국립수산과학원 『바다 숲 조성해역 해양생물 생태 가이드북』

홍성윤, 2006. [한국해양무척추동물도감]도서출판 아카데미서적

Worms(World Register of Marine Species), 국가생물다양성 정보공유체계 및 국립생물관 한반도의 생물다양성 웹페이지 참조

생명력 넘치는 작은 세계 제주도 조수웅덩이

초판 2014년 11월 20일
개정판 2023년 7월 20일

지은이　　임 형 묵
펴낸이　　임 형 묵

생태·생물 조사 및 자문　강영철 소장, 오상희 박사, 강주희 실장(㈜제주오션저서생물연구소)
감 수　　최광식 교수(제주대학교 해양의생명과학부), 이희중 연구원
일러스트　허영희(예우림)
사 진　　임형묵, 김건태
북디자인　예감디자인집옥재
개정판 편집 · 표지디자인 더한다
펴낸곳　　깅이와 바당
주 소　　제주특별자치도 제주시 평대7길 34
전 화　　070-8868-5297
이메일　　flylim@hanmail.net
출판등록　제 651-2014-000030호

ISBN　　979-11-953983-3-1

인 쇄　　이디엘
제 본　　이디엘